kren Azmanov

As minhas invenções

Iskren Azmanov

As minhas invenções

ScienciaScripts

Imprint
Any brand names and product names mentioned in this book are subject to trademark, brand or patent protection and are trademarks or registered trademarks of their respective holders. The use of brand names, product names, common names, trade names, product descriptions etc. even without a particular marking in this work is in no way to be construed to mean that such names may be regarded as unrestricted in respect of trademark and brand protection legislation and could thus be used by anyone.

Cover image: www.ingimage.com

This book is a translation from the original published under ISBN 978-620-2-05849-0.

Publisher:
Sciencia Scripts
is a trademark of
Dodo Books Indian Ocean Ltd. and OmniScriptum S.R.L publishing group

120 High Road, East Finchley, London, N2 9ED, United Kingdom
Str. Armeneasca 28/1, office 1, Chisinau MD-2012, Republic of Moldova, Europe
Printed at: see last page
ISBN: 978-620-7-86562-8

Pedido de 5 Nobel's

Só preciso de 13 dias para lutar contra a crise... E PARA TER SUXESS...

*** Preciso que os seguidores depois de mim se levantem**

CÉREBRO

1. Nobel: *O PARADOXO de Arquimedes
2. Nobel: *CÂNCER vertical*
3. Nobel: *Água doce junto ao OCEANO salgado*
4. Nobel: *Agricultura sobre o Oceano*
5. Nobel: *Fazendas junto aos rios contra a fome*

Estas invenções são a forma mais rápida de sobreviver à crise mundial.

No meu pequeno livro *Minhas Invenções* /2012/1 descrevo em pormenor a minha declaração sobre as acções importantes que realizei, uma vez que qualquer um desses cinco pode receber o prémio Nobel, e é minha escolha candidatar-me a esse prémio em fóruns científicos. A próxima "Terceira Conferência Científica "Educação, Ciência, Inovações" - ESI' 2013, pode ser uma possibilidade positiva para que a minha tentativa...

Índice

Capítulo 1

1. * O PARADOXO de Arquimedes

Resumo

Esse relatório faz algumas comparações ignoradas, como os antigos egípcios milhares de séculos antes das "descobertas" de Arquimedes - aplicaram "as suas descobertas arquimedianas" no desenho e na construção das pirâmides. Também descrevo pela primeira vez a tecnologia desconhecida da construção das pirâmides pelos antigos egípcios.

Dedicatória com grande respeito a

↑ *Professor Lawrence Badash -1934-2010*

****Universidade da Califórnia, Santa Bárbara*

*** **Iskren Azmanov**

Iskren Azmanov

O Paradoxo de Arquimedes

E a engenharia das pirâmides egípcias

Problemas nacionalistas que estão a chegar pela História:

A tecnologia da ciência - parece uma fraude

O falso nacionalismo grego antigo e o seu desenvolvimento já há mais de dois mil anos em toda a Europa e na Britannica

Mais pormenores sobre Arquimedes e o seu invulgar Paradoxo...

Na verdade existe um problema maior relacionado com a personalidade de Arquimedes e a História da Física. Ele é honrado como o colossal criador da planimetria, da geometria plana, da geometria, criador da física, com grandes contribuições para a astronomia. Não existe na história da Ciência e a Humanidade contribuiu tanto para a Ciência! Não existe segundo como ele.

Mas à volta de Arquimedes vejo uma singularidade muito invulgar, uma curiosidade e um paradoxo único. Trata-se de um dogma com "a ciência" - como uma fraude.

Observação - a vida de Alexandre, o Grande, decorreu entre 351 e 323 a.C.

Arquimedes está a viver com uma distância de cerca de um século, mas isso não é muito preciso. A diferença entre as datas da sua morte é de 111 anos. Arquimedes morre no ano 212, Alexandre no ano 323. Temos a diferença 323-212 = 111 anos.

A vida inteira de Arquimedes é de 75 anos /287 - 212 = 75/. Se subtrairmos o ano do nascimento de Alexandre - 356 pelo número do ano do nascimento de Arquimedes - /356 - 287 = 69/. Essa contagem nos dá idéia para algumas considerações. Se for possível a vida de Alexandre o Grande ser mais longa 69 quando era bom Arquimedes e mais uns 6 até 75 precisamos de 6, por essa contagem existe a realidade como pessoas contemporâneas a serem falantes no tempo do filho de Arquimedes.

Alexandre morre jovem, aos 33 anos. Mas se a sua vida fosse de 75 anos - era realmente possível que a atitude entre eles fosse a de um "avô" de Arquimedes - /356 - 75 = 281/. É compreensível que entre eles exista apenas uma geração de diferença. Mas na realidade estão cobertos. Com essa observação ficam como evidências correntes perguntas e questões que perturbam os dois e a sua semelhança. Mas os interesses também permanecem sobre esse grande número de questões que nunca os perturbaram e nunca se tornaram tão interessantes para eles, se é que podemos, pela distância do tempo, determiná-las. Que questões distantes para os povos da falange de Alexandre, ligadas às condições contemporâneas dos factos, têm um interesse teórico importante e válido para a História como ciência? Esse lado está ligado às imaginações dos entendimentos sobre as estruturas da matéria sólida. Aqui está a ideia de eventualidade como tecnologicamente pode ser produzida pela matéria sólida humana.

O facto de a civilização egípcia ter sido destruída pela falange de Alexandre o Grande é conhecido como verdade absoluta há mais de dois mil anos. Os soldados da falange matam todo o sistema escravista egípcio, todos os proprietários de escravos e todos os perigosos, mas são absolutamente incapazes de destruir tudo o que foi construído pelos egípcios - pirâmides, sistemas de canais de água, pinturas murais, frescos, cerâmica, agricultura perto do rio Nilo, esfinges. Tudo isto é feito em pedra, em rocha. Os ideólogos da falange desprezaram a importância política da criação deste tipo de pirâmides. Nunca utilizaram tardiamente essa ideia para os seus objectivos nessas variantes. Edifícios de túmulos para os nobres helénicos que se assemelham ao modelo egípcio não temos na história e na arqueologia como antes de Alexandre e depois no território helénico.

Isso é indicação de que eles odeiam esse tipo de túmulos, não gostam sequer de qualquer modificação para eles, nem de qualquer forma adaptável a eles. Mas com os "trácios" isso existe!!! Os trácios criam túmulos para os seus nobres líderes. Os trácios constroem os seus túmulos por terra, como colinas redondas, não exatamente como os egípcios.

As Pirâmides Egípcias são uma existência arqueológica com maior distância histórica mais de 5 mil anos antes de Arquimedes, e mais séculos. A configuração básica e a forma das Pirâmides Egípcias é a matemática do triângulo, do quadrado, e da Pirâmide com a sua capacidade de definição matemática e com todos os estatutos de linha e lei da trigonometria, como hoje designamos. Existem também marcos astronómicos e pontos com o céu como orientações.

O período de permanência de Arquimedes no Egipto não é muito claro. Alguns escritos sobre o seu período apontam para 12 anos.

A elite intelectual dos helénicos torna-se um acontecimento não pela continentalidade, a territorialidade tardia da Grécia antiga, mas por aqueles que são os helénicos habitados única e prioritariamente na ilha. Arquimedes é a prova e o exemplo mais típico nesse sentido. Intelectual helénico é ele, mas por ilhas modelo da sua formação.

Mas as circunstâncias em que o sistema de escravatura do Egipto ainda está destruído e tudo o que lá existe não é perigoso de ser estudado, investigado e pesquisado ilustram, que os gregos curiosos visitam o mais antigo milagre do Egipto e tudo o que lá existe é observado, estudado e descrito para alguns fins como palestras evidentemente no seu regresso tardio às suas pátrias insulares entre os outros gregos. A alimentação das aldeias e das cidades do território das ilhas é muito fácil - peixe, amêijoas, aves e ovos, azeitonas, chocos - comer tudo isso e muitos outros frutos do mar é fácil para a consumação. As ilhas não necessitaram de fogo durante todos os milénios do passado. A caça de todos estes alimentos é possível sem qualquer metal, apenas com as mãos. Em tempos muito antigos os habitantes das ilhas chegavam lá pelos troncos livres destruídos pelas tempestades. As embarcações utilizadas para os contactos primitivos entre as pequenas ilhas são de tecnologia muito simples - tricotadas com paus verdes e cobertas com pele de coelho ou de cão.

Mas a principal prioridade das populações insulares é o facto de não terem inimigos históricos. O isolamento da ilha é a garantia absoluta de que as populações não têm inimigos. A ilha está rodeada de água e nunca houve necessidade de construir muralhas ou qualquer tipo de fortificações para defesa dos agressores muitos séculos antes de os contactos se desenvolverem de forma ativa. Em todo o seu período pré-antigo, os helénicos da ilha tiveram a oportunidade perfeita de nunca serem atacados e, por outro lado, formaram uma ideologia ativa como agressores. Mas com as actividades do povo helénico podemos ver um grande grupo de ideias que eles desprezam. Muitas dessas ideias e experiências existentes estão documentadas pela civilização, e os helénicos ignoraram-nas totalmente. Não gostam de as estudar - noutros lugares têm uma atitude de desprezo. Desta forma é possível explicar a interrupção do entendimento tecnológico em relação à civilização pela experiência de construção.

É simples de entender e explicar que Arquimedes nos seus escritos marcou muitos conhecimentos matemáticos, físicos e arquitectónicos mais antigos, também astronómicos, mas já existentes para decisões tecnológicas e arquitectónicas - já há muito tempo criados pelos egípcios na escrita grega e anotados como escritos pelos negros africanos - os egípcios.

É notável como na antiga literatura judaica não temos evidências matemáticas ou outras sobre o heroísmo de Arquimedes como criador de um grupo de ciências.

A existência das Pirâmides é uma prova de que os negros africanos do Egipto já possuíam muitos milénios antes de Arquimedes "as suas" - "descobertas" sobre a matemática e a prática da arquitetura e das construções. A construção de qualquer uma das Pirâmides necessita de conhecimentos e de muitos instrumentos precisos todas as medidas de triangulação, aparelhos, linhas horizontais e muita experiência. Mas em direção muito estranha está também a "descoberta" hidráulica do parafuso hidráulico de Arquimedes, os líquidos afundados e movidos para cima. Estes também parecem observados e registados e apenas descritos por Arquimedes. Tardiamente, todo o chauvinismo helénico sugere a todo o mundo europeu como sendo essas as descobertas de Arquimedes.

Mas a verdadeira tecnologia para a construção das Pirâmides de Arquimedes é impossível de conhecer, de adivinhar ou de apreender. Isto é verdade porque a "obra" da falange destruiu todos os grupos de construtores - todos os engenheiros e arquitectos e o pessoal de medição e todos os trabalhadores pesados, ou escravos, capturados pela população branca das antigas comunidades como escravos.

E ver que aproveitarmos a prioridade científica histórica de Arquimedes como contributos como descobertas pertence a outra civilização, e que é modelo diferente de complexo intelectual não é cientificamente correto, porque também não é historicamente verdade, e todo o acontecimento com Arquimedes é um paradoxo para todo o século XXI já na retaguarda. Tudo é uma fraude na ciência com cunho grego. Como na ciência existe continuidade em todo o próximo século XXII não temos segundo um cientista grego pela

Física. Não temos também matemático tardio, mas a sucessão deve ser, mas não temos e aqui fica o paradoxo como corrente.

O papel histórico do Egipto, e de toda a África como continente do início da civilização, não tem o direito de ser ignorado em favor dos antigos helénicos.

O evento do **conflito contra o Egipto mostra a guerra entre dois sistemas nacionais** em níveis muito diferentes de desenvolvimento e também com base racial. Com a destruição da elite intelectual do primeiro sistema perdem-se muitos conhecimentos, experiências e tradições, tecnologias, padrões teóricos já existentes desaparecem. Parte de tudo é salvo, depois de estudado, mas não tudo pelo vencedor. Mas podemos encontrar muitos elementos de pormenor ligados a eles. É certo que existem muitos problemas linguísticos que fazem desaparecer muitos conhecimentos científicos.

Mesmo agora, todo o modelo continental africano, devido à sua individualidade típica, nunca se desenvolveu tardiamente com diferentes sucessos intelectuais, com novos modelos de civilização, e a África não ofereceu nada de novo durante todo o século XXIII. E não temos nada de novo até agora, lamento por mim e por todos nós.

No meu voo para a Etiópia, há alguns anos, o piloto ofereceu-nos um espetáculo interessante - passou muito perto do vale das pirâmides junto ao Grande Nilo. Assim, tive a oportunidade invulgar de ver de ambos os lados o milagre arquitetónico das pirâmides do Egipto, duas vezes pelo céu.

Por esse perfil, por todo o passado histórico é visível a noção de que as culturas antigas têm longos períodos de letargia. O exemplo da China tem um valor diferente. A China por período com a mesma distância que com África não criou outra novidade como descoberta com valor maravilhoso exceto as 7 descobertas básicas da China. À velha China pertencem as 7 principais descobertas da antiguidade: o papel, a pólvora, a bússola, a porcelana, a arquitetura da Grande Muralha da China, toda a hidráulica do rio Amarelo com muitas capacidades de irrigação, e o antagonismo entre os sistemas religiosos de Buda e Confúcio que estão a distâncias semelhantes às das histórias mediterrânicas.

A quem pertence a invenção das tecnologias de produção, o ferro e o aço, os metais mais fortes, ficam abertos ao conhecimento real.

É importante que se faça agora uma investigação específica e detalhada sobre os modelos culturais do tipo africano. Temos um grande número de artefactos antigos no Egipto e em África, mas todos devem ser reanalisados segundo novos critérios.

Em Adua, na Etiópia, existe uma estela de pedra, que foi roubada por Mussolini, com um monólito de 24 metros de comprimento. Esse monumento de pedra foi quebrado há vários séculos, aquando da guerra perto de Adua, mas essa pedra pode ser mais longa. Este tipo de fabrico, se for por cortadores de pedra, é impossível sem ferramentas de ferro, mas parece ter sido produzido por estes. Aqui existem gravuras e relevos talhados. Se esse método de produção for por fundição, é de perguntar por que razão não temos uma descrição histórica dessa tecnologia, se os helénicos chegaram realmente à Etiópia. O monte Adua é provavelmente mais antigo do que 3 milénios. Mas existem contradições visíveis em relação às características da estela de Adua.

A pedra é o corpo mais duro da natureza. O maior paradoxo reside na ignorância da criação ao longo da história ligada à física do que em modelos simples. Os primeiros egípcios não tinham montanhas perto deles para cortar pedaços e movê-los e assim construir as Pirâmides, mas eles têm esse milagre arquitetónico e ainda hoje não sabemos como construíram esses seus milagres. Os egípcios muito antigos não têm tecnologia para fabricar rochas, mesmo pequenas pedras. Não dispunham de serras de ferro ou de aço de grande potência para poderem cortar e fazer alguns trabalhos de pedreiro. Não têm martelos de ferro ou cinzéis de ferro, nem pregos de ferro. E criam as suas pirâmides ainda sem resposta. Isto é - quanto tempo se pergunta 2 ou 20 milénios? Nem sequer respondi ao meu tema principal, que é a história da tecnologia em todas as direcções.

Mas voltemos a Arquimedes. Os gregos do seu tempo não nos deram o domínio das pirâmides, mas esse domínio existia um ou dez milénios antes dos helénicos ou, especificamente, do "cientista" Arquimedes. Aqui temos duas direcções de pensamento. Uma é o modo matemático de criação arquitetónica - absolutamente desconhecido dos gregos e falsamente atribuído a Arquimedes e aos gregos.

A outra forma de entender é - provavelmente os egípcios mantiveram em segredo a sua tecnologia, mas não acredito que isso seja tão impossível como com milhões de escravos que são contactados em toda essa criação e estão a fazer toda essa arquitetura milagrosa. Os escravos de outros lugares têm de fugir e escapar. Esses povos maiores, escravos mesmo ignorantes, devem ter alguma entrevista com os gregos letrados tardiamente.

Ou uma explicação simples - com o trabalho de guerra da Phalanx, todo o pessoal de engenharia, juntamente com os tecnólogos, os arquitectos e os trabalhadores negros são todos mortos. E o atraso é capaz de explicar os processos de toda essa experiência. Evidentemente, a engenharia e os escravos abandonaram esse conhecimento.

Ou simplesmente os gregos detestavam aquela construção egocêntrica e todas as acções matemáticas e abandonaram qualquer atenção às Pirâmides.

O principal contributo da falange é o facto de ser socialmente impossível ao homem branco ser escravo dos egípcios negros e trabalhar sob as suas direcções e projectos. Para as construções da Pirâmide os negros egípcios capturam como escravos os brancos que estão no norte por eles. E tudo isso cria o conflito racial contra os negros. Atitudes raciais e também grandes conflitos históricos dessa natureza estão activos. O momento racial é a primeira razão que se compreende agora.

Mas o milagre da ação de Moisés, com a divisão do mar Vermelho, permanece como uma lenda gigantesca que nos dá um valor excecional para exprimir os sofrimentos e as dores espantosas de toda a humanidade naquele tempo longínquo e as necessidades de liberdade. Moisés tem o grande objetivo de dar a liberdade a todo o povo judeu, que se torna a primeira possibilidade geográfica de ser capturado como escravo, e que os judeus são todos brancos.

E, provavelmente, é tremendo o desprezo contra a construção dessas pirâmides antiquadas por um faraó estúpido a quem foi dado um trabalho tão pesado. E por isso, evidentemente, as gerações posteriores a essa última criação de Pirâmide abandonam-na e tudo fica esquecido.

Mas o mesmo se passa com os acontecimentos com os trácios? Porque é que com eles encontrámos uma variante de semelhança?

Mas "o paradoxo de Arquimedes" sem precedentes está impresso em todas as Enciclopédias Europeias e Mundiais em todas as línguas incluindo na Britânica e já há muitos séculos permanece lá dentro como acrítico e está sob modificação e não é correto para a variante da história mundial. Também o génio de Einstein, exceto o seu Prémio Nobel pela sua teoria da relatividade, se mistura com a sua realidade desconhecida sobre esse paradoxo. E isso cria um novo paradoxo para a ciência entre as salsichas Nobel.

Na sua monografia J.G. Landers /"**Engineering in the Ancient World**" - 1978 - publicada pela University of California Press /Berkeley & Los Angeles glorificou no mesmo estilo que muitos, e muitos autores, o famigerado Arquimedes, é básico famigerado, mas ele também menciona o **ceticismo** contra Arquimedes apontado por Marcellus. /p.187 por Marcellus/. Provavelmente J. G. Landers utiliza a obra publicada em 1917 "The Parallel Lives by Plutarch" /Loeb Classical Library ed. 1917.

E é compreensível, porque os gregos perderam a ilha da Sicília com a cidade de Siracusa e os gregos criaram muitas improbabilidades bélico-tecnológicas com o sonho futuro de recuperar essa ilha dos romanos, que nunca no futuro se tornou real e possível.

Mas também J. G. Landers usa o livro de T.L. Heath - "The works of Archimedes" /Dover, N.Y. 1958/. Ele também usa de forma não crítica que todas as afirmações sobre os trabalhos de Arquimedes como "persuasivas científicas" por níveis teóricos, mas não provadas por exemplos reais como experimentalismo.

Desafio agora alguém, provavelmente qualquer jovem estudante, a organizar uma pesquisa comparativa sistemática entre as necessidades reais do conhecimento científico que têm em aplicação os egípcios negros e toda a Arquimedologia como equilíbrio dos dados reais utilizados na construção das Pirâmides há tanto tempo como há 5 000 ou 15 000 anos atrás, nem sequer claro sobre a forma correcta, mas perfeitamente em pleno uso de todas as aplicações experimentais contemporâneas e todas as realizações em todas as direcções da ciência, e tudo para o passado parece exatamente como construção nacionalista com argumentos científicos em apoio do seu nacionalismo grego. Mas com as comparações tudo parece uma construção pseudo-científica. E todas as evidências arqueológicas são argumentos contra a Arquimedologia como paradoxo para a ciência em comparação com o sistema governamental egípcio construído pela escravatura nesse distante e antigo período antigo.

Na nossa era cósmica atual, não temos exemplo semelhante para a compreensão do que o "Paradoxo de Arquimedes" representou na civilização mediterrânica até aos nossos dias contemporâneos...

Toda a monografia "Engenharia no Mundo Antigo" é abordada com observações sobre os rumos da engenharia greco-romana e aqui existem eliminações completas das verdadeiras conquistas da experiência egípcia.

Apenas o fator homem é alvo de alguma atenção, principalmente por razões militares e de guerra. O fator homem é a semelhança entre a análise do poder humano e a diferença entre a arquitetura e todas as outras direcções tecnológicas. J. G. Landers /p.10/ generaliza: "Embora os faraós no Egipto possam ter tido vastos recursos de mão de obra, os empreiteiros de construção gregos e romanos raramente tinham mais do que uma pequena força de trabalho e, em qualquer caso, não importa quantos tenham reunido para os projectos mais ambiciosos, nunca poderiam ter manipulado as pedras maiores usadas nos edifícios clássicos."

O paradoxo de Arquimedes inspirou-se nos gregos para os romanos com o objetivo de sugerir a sua superioridade intelectual numa rivalidade que existe há mais de mil anos após a captura da ilha da Sicília e o afastamento do Egipto, de África e, mais tarde, os conflitos entre o Império Romano do Ocidente e Bizâncio como bases nacionalistas de toda essa realidade histórica.

Os segredos da tecnologia dos construtores do antigo Egipto!

Nas minhas mãos vem como redescoberta esse super-secreto dos arquitectos dos Faraós e toda a experiência de engenharia na minha investigação que fiz na Etiópia 1972 - 1973. Na minha visita junto à cidade de Shashamane - uma cerimónia fúnebre com interesse de investigador - no canto do cemitério vi um único homem que não entendia inglês e sem qualquer comunicação entre nós observei algumas coisas tão insólitas que ele fazia. Naquele momento foi-me impossível pedir ajuda a um tradutor. O velho chorava, molhado de lágrimas e gotas de lágrimas. Ao seu lado, havia uma sepultura fresca. À sua volta, quatro baldes. Dois cheios de ovos de galinha e os outros dois de areia. A seguir, no local duro, colocou vários vidros no chão, moldando uma forma com o modelo da típica cruz amárica, com outras seis formas adicionais específicas, e tudo isso apoiado em paus de madeira, a sua cruz sepulcral estava pronta para ser "cimentada". Também estava com a espátula, a ferramenta de alvenaria.

A minha grande questão prende-se com os ovos. Não existe nenhuma razão religiosa ou de pessoas à volta que um homem traga dois baldes com cerca de 5 a 6 centenas de ovos e os guarde no cemitério. Eu simplesmente, em sinal de respeito, dei-lhe uma moeda de prata do imperador. O respeito e o seu agradecimento foi para mim uma prova de que aquele homem era muito pobre e miserável e de que estava a prestar uma profunda homenagem religiosa ao parente por quem estava aqui. Ao pegar na moeda de prata, começou a partir os ovos, todos crus, e a recolher o seu conteúdo amarelo e branco, dividindo as cascas e todo o líquido dos ovos para encher o balde, depois começou a misturar com as mãos a areia que se movia no balde dos ovos. Depois de misturar todos os ovos e a areia - e despejar essa massa húmida na forma de cruz de fundição. Com os dedos fixa no centro da cruz ainda não pronta a minha moeda de prata e forma na areia dos ovos secos alguns outros símbolos religiosos.

Uma semana mais tarde, no meu regresso a Adis Abeba, fui ao cemitério para ver o que se passava com aquela cruz sepulcral. Não me foi difícil ver que, já como pedra de "cimento", a cruz de ovos e areia estava fixada na vertical tradicional e que a minha tentativa de cortar um pedaço daquela pedra de moldagem da cruz era difícil. O sol forte e o vento e a cola de ovos endureceram tudo misteriosamente como pedra.

Tendo aquela demonstração prática para mim foi muito fácil perceber a tecnologia que os egípcios utilizavam para produzir as suas Pirâmides há vários milénios atrás. Aquele pobre homem etíope mostrou-me a simples descoberta que se inventou junto ao rio Nilo para produzir pedras e construir dessa forma aqueles milagres que maravilhavam - o Mundo de Gizé.

Tudo é muito simples! No Egipto há areia por todo o lado. Junto ao grande rio, à noite, é possível recolher milhões de ovos de muitas aves diferentes. A areia está aqui, a cola /ovos/ também está aqui. A temperatura do sol seca rapidamente e endurece essa mistura e as pirâmides, parte por parte, ficam prontas em menos tempo do que poucas montagens. Para um projeto de engenharia como uma pirâmide de tamanho médio, provavelmente bastam escravos, não mais de mil homens.

É evidente que a maioria dos escravos são capturados pelo povo de Salomão. A ação de Moisés com a liberdade concretizada ao dividir o Mar da Leitura permanece como evidência na Bíblia sobre o trabalho grande e pesado.

Mas se reconstituirmos agora como é possível realizar um projeto de engenharia semelhante, não é muito difícil de compreender, pois tudo é muito simples e não existe nada de excecional. O cimento-cola e a areia do Sara são o material de pedra para as famosas pirâmides dos Faraós.

Há duas perguntas diferentes sobre a engenharia egípcia. Primeiro, como e quem fez a descoberta de que a cola de ovo e a mistura de areia criam pedra. É visível de manhã, quando o ovo é esmagado na areia por um passo humano, e até à manhã seguinte já está formada uma pequena pedra. Como é pedregoso e seco, nenhum inseto ou microrganismo consegue destruir este tipo de cápsula. Até as térmitas são indiferentes. A seguir, uma consideração geográfica importante deve ser considerada como um momento notável. Esta zona é uma zona meteorologicamente sem chuva, seca e desértica em África. Isso, com milénios de anos sem água sobre as pirâmides, salvou esses edifícios da destruição. Certamente que algumas partes à superfície estão deformadas por muitas outras razões. Os ventos aqui existem, mas tudo ao contrário temos muito tempo de distâncias antes de nós e da nossa época.

As outras questões estão relacionadas com o número de escravos que são necessários para todos os projectos da pirâmide. Segundo sei, nem sequer são necessários muitos escravos para a pirâmide de Quéops. Não há problema em que as ervas perto do Nilo recolham, de dia e de noite, uma quantidade maravilhosa de ovos de todas as espécies de aves. A areia do Saara não é um problema de utilização. A produção de diferentes cestos ou recipientes para areia e ovos também é possível de ser feita à mão pelos escravos.

A pirâmide de Quéops foi criada com blocos, como "pedras" correctas - um trabalho de "alvenaria" repetido vezes sem conta.

A alimentação de cerca de 1000 escravos não é um problema real para os procedimentos. Nas proximidades do rio Nilo e no seu interior existem peixes e muitas aves, bem como muitos outros animais, que são um alimento muito fácil. Os etíopes também comem carne crua, salgada ou misturada com pó de papel preto.

Tal como são publicadas muitas "provas" fantásticas de que os edifícios da Pirâmide de Quéops foram capturados 3 milhões de escravos. Isso é impossível por muitas razões. Se ao mesmo tempo num local se concentram 3.000.000 de pessoas como escravos são necessários não menos de 6-7 milhões de soldados do Faraó para o guardar. Todo esse tipo de comunidade precisa de comer e qualquer organização dessa sociedade potencial existente pela dualidade inimiga deve atuar com muitos motins e revoltas. Como temos as evidências das pirâmides sobreviventes que são evidências também na direção em que a força humana deve ser organizada por alguns níveis de acordos com os "escravos" e os proprietários de escravos.

Evidentemente que uma revolta no antigo Egipto só é conhecida pela atividade de Moisés fugindo do povo judeu e não temos qualquer semelhança com a revolta de Spartacus no Império Romano. Se existir alguma sobre com Moisés, acrescentar-se-á alguma também misteriosa, mas que não temos quaisquer notas pela pré-história.

Agora, a Internet não oferece nenhuma forma correcta de compreender a engenharia egípcia com a alvenaria e o fabrico das pirâmides.

Por: Internet: Culture Focus.com Explorando o Mundo <Egito as Pirâmides de Gizé>

Como é que as pirâmides foram construídas?

Parece provável que as Pirâmides de Gizé não tenham sido construídas por escravos, mas por trabalhadores pagos, motivados pela fé na divindade e imortalidade

dos seus reis. ***<u>A forma exacta como as pirâmides foram construídas não é clara</u>*** *** . É provável que tenha sido construído um aterro inclinado até à pirâmide ou em torno dela. Os enormes blocos teriam então sido transportados em trenós com a ajuda de rolos, cordas de papiro e alavancas. Embora a maior parte da pedra fosse extraída localmente em Gizé, alguma teve de ser transportada para o local ao longo do Nilo.**

Em primeiro lugar, é aplicável apenas no território do Egipto. O rio Nilo é o "planeta" das aves. O Sol egípcio é o momento seguinte. E também a descoberta desta invenção pertence evidentemente apenas aos antigos egípcios. Também o segredo é visível pelo nome do país Eg-g-yp-e-t.

Não existem quaisquer dados sobre os verdadeiros responsáveis secretos pelo ouro e por todos os tesouros, para garantir que essas coisas valiosas e o corpo do Faraó sejam guardados em segredo por Deus e pelas suas acções, e como é que isso é possível por esses

* Sublinhado e em itálico por mim -1. Azmanov

Com a tecnologia "ovos-cola-areia" é possível moldar manualmente a pedra com uma qualidade muito elevada. As aplicações das peças fundidas são as varas de bambu e as grandes palmeiras, bem como algumas algas da água do Nilo. Em novas investigações arqueológicas muito precisas é possível encontrar os verdadeiros pormenores na utilização de todos os métodos desconhecidos e rever os utilizados.

Mas o meu feliz acontecimento no meu encontro com o homem da Etiópia oferece-me a chave para responder ao momento principal dos segredos dos construtores geniais egípcios e é muito estranho que durante 2300 anos esse segredo tenha sido realmente desconhecido. Paradoxo semelhante ao de Arquimedes...

É também razoável a questão de saber porque é que nos arredores do Egipto, na antiga Judeia, em todo o território que foi dominado pelos gregos e depois pelos romanos nunca se utilizou essa tecnologia de **<u>ovos-cola-areia</u>**? Mesmo na Cartago africana existem condições semelhantes, mas não encontramos lá edifícios semelhantes, por deficiência de tudo o que fica importante.

responsáveis confiantes e dedicados? Provavelmente, matando todas as testemunhas e, dessa forma, o segredo dessa tecnologia era desconhecido também por Arquimedes e por todos os gregos e romanos favoritos até tarde.

Como é que esse segredo foi guardado na Etiópia por uma pessoa que conheci inesperadamente, e porque é que ele fez todo o segredo manualmente à minha frente. Ele não era um etíope instruído. - Posso generalizar, pois essa foi a minha grande oportunidade de investigação. Lamento ter ficado sem falar com ele por falta de contacto linguístico e de compreensão. Também não sei como o povo copta, os sacerdotes, provavelmente conhecem essa forma simples de fazer pequenas cruzes, moldando o modo de produção de pedras de sepultura em alvenaria. Mas provavelmente isso também é conhecido apenas por alguns dedicados. A profunda dor espiritual do homem perto da cidade de Shashamane e provavelmente a minha moeda de prata como presente ele aceitou como reação altamente amigável e fez o seu trabalho e eu tornei-me o novo dedicado.

O monumento da pedra de Adua só pode ser produzido por essa forma de tecnologia africana antiga.

* * *

É realmente estranho como esse pedido veio à tona agora, mais de 2000 anos depois da sua falsa criação. A ciência da arquitetura não tem resposta para a construção das pirâmides no antigo Egipto. Também tenho razões reais para pedir a Arquimedes algumas das suas realizações científicas, pois não lhe devem pertencer, tal como as suas plagiarias como verdadeiras compreensões matematicamente visíveis tomadas por outras civilizações e porque não lhe pertencem. Mas pertencem aos egípcios, e como o poder da falange destrói toda a realidade, e ninguém é capaz de ler os textos egípcios, tarde, e todos os segredos ficam esquecidos durante milénios.

Como a pirâmide de Quéops (Khufu 2900-2877 a.C.) já foi construída há 5000 anos e os arquitectos da sua época como é que conseguiram construir todas aquelas formas como Arquimedes o "criador" e "descobridor" do triângulo, da trigonometria, da geometria plana, da física, da hidrologia e de muitas outras coisas já existia há cerca de 3000 anos???? !!!

É espantoso como é que os "estúpidos" negros egípcios, 3000 ou 5000 anos antes de Arquimedes ou mais, foram capazes de construir essas formas grandes e altas como montanhas. Os egípcios são **negros**. Os egípcios-ovo, será que são porque vêm do primeiro ovo? Ou porque o ovo é a sua cola de construção. Será porque devem ser o primeiro povo inventor? E todas as galinhas vieram deles como comparação. Como Arquimedes esteve no Egipto durante 12 anos, é evidente que estudou lá todos os conhecimentos dos arquitectos egípcios e como os seus escritos foram os primeiros em grego antigo, todos os alunos tardios pensam que a matemática e todas as considerações científicas foram "descobertas" por ele. É uma ilusão. É realmente inaceitável, porque o resultado de todas as evidências, como os pré-egípcios têm os resultados do seu conhecimento anterior, não é aceitável, uma vez que Arquimedes é o criador de todas as ciências matemáticas e de medições espaciais. Os egípcios são esses. Arquimedes é um homem plagiário só depois deles. Mas foi incapaz de reinventar a capacidade de colagem de ovos e cimento.

A forma ideal de um edifício, como vimos perto do rio Nilo, é espantosa e constitui uma prova irrefutável de que Arquimedes era simplesmente um aluno e não um académico diligente sob a orientação dos egípcios.

Com Pitágoras (497-580 a.C.) temos o mesmo!

Semelhante é a lenda grega de Ésquilo sobre Prometeu e o roubo do fogo aos Deuses...

É muito compreensível que a guerra entre as civilizações no início do contacto entre as diferentes sociedades e muitas nações a diferentes níveis - raciais, nacionais, religiosos, dominantes - crie conflitos e abra historicamente caminhos para o desaparecimento de importantes segredos técnicos, de engenharia, militares e, finalmente, de tudo o que pertence ao fundo da ciência.

Capítulo 2

2. ***CÂNCER vertical**

Resumo

Não temos nenhuma fêmea que tenha morrido por cancro da glândula. Ofereço uma cama especial, pois as glândulas da mulher após o período de ordenha devem ficar na vertical, como acontece com os animais, mas na cama especial na hora de dormir.

Iskren Azmanov

Cancro vertical

/Descoberta/

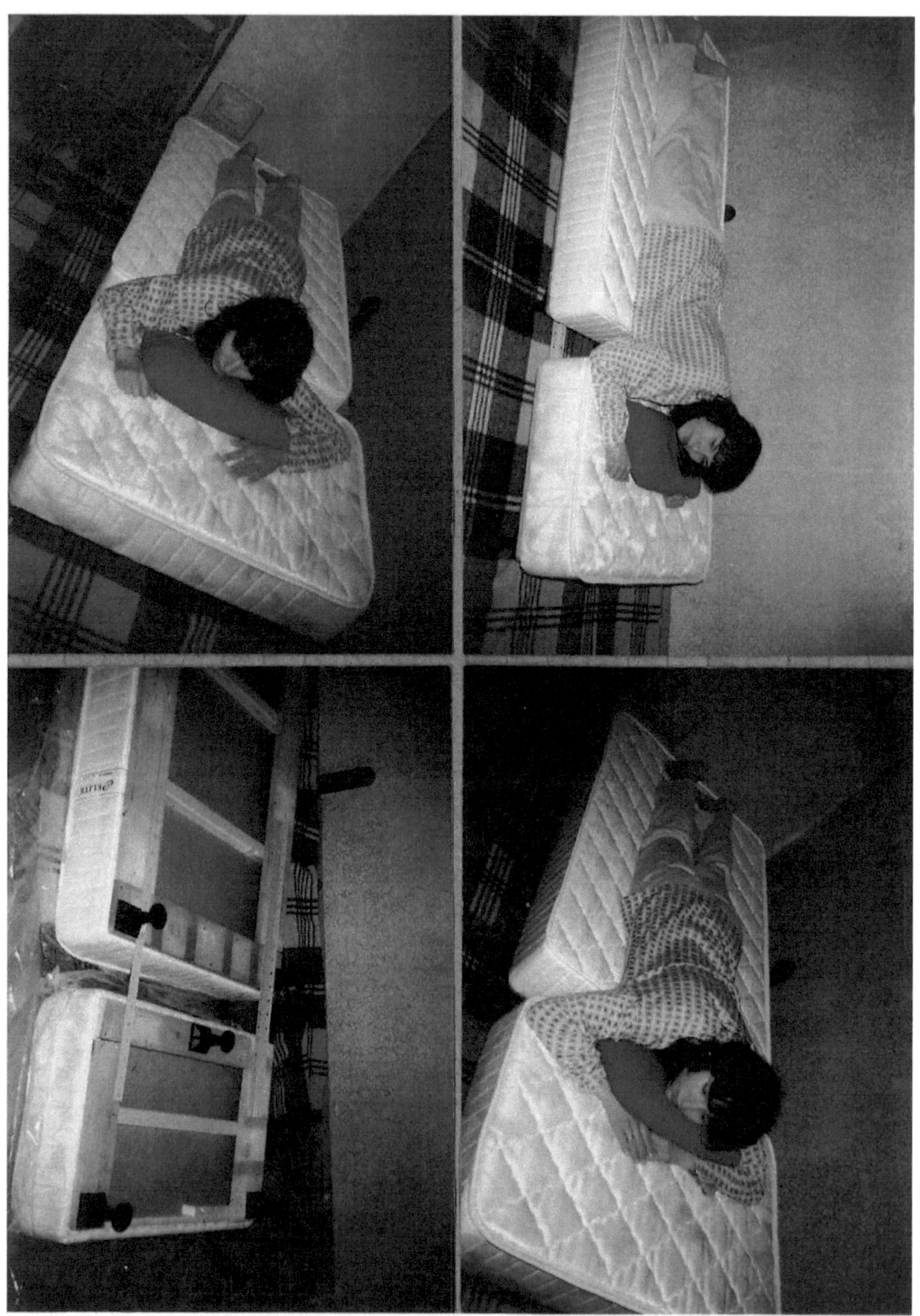

A metodologia do conhecimento da ciência comparativa modifico-a como metodologia do conhecimento comparativo de problemas ou estudos de problemas. Quando conhecemos um único problema em pormenor, colocamo-lo como modelo e em comparação com outro problema partindo de algum pressuposto como semelhança entre os dois modelos como sistemas surgem possibilidades de estudo e apuramento sobre o segundo, a todos os seus detalhes e funcionalidades desconhecidas. E dessa forma esse modelo é capaz de descrever o mistério através da semelhança. Por isso, a comparabilidade surge como afirmação básica desta análise.

É assim que eu encaro o cancro das glândulas mamárias da mulher sob uma nova análise comparativa pormenorizada e uma nova estimativa daquilo que até agora a medicina, enquanto ciência, não conseguiu encontrar na nossa compreensão sobre ele?

É difícil para mim acreditar nas estatísticas médicas populares sobre a percentagem real da mortalidade com a mulher para os seus números reais. Uma única doença está normalmente em interação com muitas outras e diferentes, mas o caso, o principal problema de saúde está a vir por um, por um único primeiro como início de doença e é normalmente difícil ou é impossível tarde para ser diagnosticado e estabelecido. Devido a todas estas dificuldades, muitas vezes é impossível aplicar qualquer terapia e o tratamento segue em direcções erradas.

A natureza é a maior professora, - porque é a construtora das coisas!!!

Assim, os modelos - os modelos comparativos que devemos tentar encontrar entre a abundância de exemplos reais.

Entre os animais de natureza normal não se regista cancro das glândulas mamárias. A mastite existe, mas não tão frequentemente e as fêmeas têm a capacidade de sobreviver a isso muito facilmente como um milagre.

No Zoo temos animais com uma vida muito saudável, com uma vida muito longa até uma idade muito avançada. Entre eles não há registo de cancro das glândulas mamárias. Não consigo encontrar nenhum dado nesse sentido nas publicações científicas.

Entre o homem e a mulher, a maior parte dos casos mortais surgem na sequência de dificuldades reais que resultam de inflamações das glândulas lácteas, dos seios. Temos publicações maravilhosas a esse respeito. O cancro das glândulas lácteas é um problema mundial. Essa doença ataca todas as raças e as mulheres de todos os continentes. O modelo das glândulas lácteas das fêmeas animais e o modelo das glândulas lácteas da mulher humana, como método desse artigo em particular é importante para comparação e por esse meio poder determinar o problema que provavelmente é muito comum e ficar sob denominação semelhante do desenvolvimento, funções, dinâmica e complicações.

Onde estão as semelhanças e onde estão as diferenças? Estou incapaz de descrever a razão pela qual, antes de mim, ninguém estabeleceu esse tipo de perícia de forma tão comparativa como a descrita aqui na conceção. É uma diferença acrobática!

A semelhança aqui é a função que desempenham as glândulas dos mamíferos na alimentação dos recém-nascidos pela prole da mãe. No ser humano, temos apenas duas glândulas lácteas em funções. Nos animais são mais 6 e 8. E com tantas glândulas o cancro da mama com as glândulas lácteas com os animais como inflamações não existe entre eles. Essa é a realidade positiva entre todos os mamíferos, mas isso não é válido para a mulher humana.

As diferenças! Isso é visível, muito claro. E isso é muito óbvio e surpreendente. A mulher humana caminha na vertical e as glândulas dos animais estão numa situação muito diferente em comparação com os animais. A declaração da situação anatómica é muito diferente. Eu pergunto-me - por essa afirmação é possível que se formem eventuais dificuldades e complicações funcionais?

Sim, claro - essas complicações podem aparecer. As glândulas da mulher humana não têm possibilidade de serem esvaziadas naturalmente, devido à ação da gravidade, e os restos de gotas de leite em quantidades muito pequenas, mesmo partes de uma única gota, continuam a permanecer no interior durante muito tempo e desempenham uma ação inflamatória como as proteínas. O componente ativo não é a água, mas sim o que se encontra resolvido no complexo que é impossível de neutralizar ou tornar inofensivo. Essa própria proteína remanescente é provavelmente a fagocitose, pois o processo de auto-proteção é incapaz de limpar, porque essa proteína é construída por criação própria do organismo. A fagocitose não entende isso como um corpo desconhecido, nocivo e perigoso.

No interior do seio leitoso essa parte da gota leitosa forma tardiamente em torno de si formação de novos plasmas/neoplasmas para os quais não existe ação natural de desativação e resultado de limpeza e segurança.

Exceptuando aquela "meia gota" de matéria láctea que permanece como ação e efeito criador do cancro, temos de acrescentar diferentes processos orgânicos internos dérmicos e também diferentes momentos pneumáticos e de vácuo, mesmo com realizações mínimas, como são os processos de aspiração, o pulsar do coração pelo movimento e pela situação da verticalidade. O processo que aqui investigamos é mais complicado, mas o método de nova compreensão é muito atual e é importante ter um sentido amplo de compreensão cívica.

O princípio da gravidade com os animais trabalha no sentido de neutralizar a mais pequena quantidade de uma gota de leite. Essa pequena quantidade consiste numa maravilhosa representação molecular. Também se surgir alguma inflamação a fêmea tem capacidade de se limpar pela ação dessa meia gota sem esmagar as glândulas e sem pressões ou massagens diferentes como fazem as fêmeas humanas que fizeram algum trauma sobre si próprias e abriram caminhos para outros processos de doença.

O princípio da gravidade funciona perfeitamente com as fêmeas. As fêmeas se existe ação inflamatória daquela meia gota elas correm, pulam e fazem muitas vibrações e assim elas se limpam pela ação daquela meia gota não agradável por todo processo de vibrações do seu corpo pela ação da gravidade.

Não compreendemos as causas da loucura da **"vaca louca" que corria**, e essa corrida é aceite por nós como um comportamento louco. Mas aceito a lógica de que a sua corrida é um processo auto-terapêutico - exercício de auto-tratamento forçado para esvaziar as glândulas por aquela provocante e desafiadora meia gota de leite antes que essa gota se torne velha e seja eliminada pela compulsão da gravidade.

E por essa afirmação suspensa das glândulas mamárias leitosas com os animais, os indivíduos mamíferos fêmeas na natureza possuem grande vantagem de eficácia no sentido de se limparem de eventuais auto-infecções proteicas. Isso garante imunidade individual específica para todos os mamíferos selvagens na natureza.

A mulher-humana sob a afirmação da verticalidade, não só anda como as glândulas mamárias estão em afirmação de impossibilidade de as esvaziar permanentemente por meio da ação da gravidade, mas também isso é impossível quando dorme sobre a sua coluna e o processo de auto-limpeza é absolutamente impossível permanentemente por toda a sua vida como isso não funciona para a mulher humana. Onde está a recuperação? Isso não fica na eletrónica, nada nas tecnologias informáticas, nunca na microscopia eletrónica com diferentes chips que os emparedam nas glândulas dos animais e da mulher. O problema é muito simples! A recuperação está a chegar pela forma mais simples e compreensível**, como os conselhos da natureza**. Quero aconselhar qualquer mulher a dormir com a cara virada para baixo e não para a coluna. Dessa forma, o tempo de sono funcionará como a ação da gravidade para que as glândulas lácteas fiquem cheias e vazias de qualquer ação negativa como componentes inflamatórios que causam desafios.

Preciso de chamar a atenção para vários momentos importantes. O primeiro está relacionado com o facto de, imediatamente após a paragem da alimentação e com o crescimento dos primeiros dentes do bebé, a mãe ter de limpar totalmente qualquer quantidade de leite que ainda reste. Não através de bombas de vácuo ou de pressões nas glândulas. Mas, ao utilizar o método da gravidade, aconselhamos a utilização do mobiliário especial de que qualquer mulher necessita.

A segunda, no período de transição entre a gravidez e a esterilidade, com a meia-idade conhecida como clímax, é muito importante aplicar novamente a auto-limpeza gravitacional, dormindo com as glândulas mamárias para baixo. Para isso, é necessário construir um novo modelo de cama em que existam espaços vazios exatamente à volta da posição das glândulas leitosas da zona do peito feminino. Este artigo está relacionado com a nova compreensão do cancro com as glândulas leitosas das mulheres. No homem, as glândulas não têm funções e um processo semelhante não funciona da mesma forma que a gravidade e o "cancro vertical".

Esse texto tem a pretensão de ser uma invenção única. Trata-se de uma explicação tecnológica de deficiências e dificuldades fisiológicas e evolutivas e o processo oferece nova compreensão materialista de um defeito que vem depois do tornar-se humano com o caminhar vertical do humano. De outra forma, essa justificação tecnológica tem todos os sintomas de uma única descoberta para a ciência. É um defeito da evolução, como posso dizer com alguma persuasão.

E porque com esse método ofereço um novo produto para o mercado feminino de todas as raças e pessoas do sexo feminino no mundo - cama com espaço vazio à volta da área das glândulas mamárias e "cancro vertical" é uma descoberta patenteável à qual pertence a cama inventada com espaço vazio. Mas o **"cancro vertical" é uma** nova explicação de uma doença muito antiga e é também um novo conhecimento patenteável com o qual não usamos quaisquer medicamentos, mas oferecemos a higiene da gravidade no período do sono. Isso oferece o novo conhecimento cultural ligado ao conhecimento saudável-higiénico e funcional que qualquer mulher precisa de saber.

Este artigo é a primeira publicação para o Ocidente. A luta pela gravidade do cancro vertical é um tratamento obrigatório contra esta doença.

Que a minha invenção pode salvar a vida de milhões de futuras mães.

iazmanov@abv.bg

BULGÁRIA Notarizado - 2006

Capítulo 3

3. *** Água doce junto ao OCEANO salgado contra a** fome **no mundo**

Iskren

Azmanov

Essa novidade pode criar África, Índia, ... Austrália ...

Todos os lados de faia para ser o verdadeiro ***PARAÍSO...***

Resumo

A novidade agora é baseada na grande placa preta de um quilómetro quadrado de cor preta, produzida pelo betão preto e o vapor de água salgada do oceano passa sobre a montanha junto à praia e sente-se o lago de suor para o paraíso em torno de todas as praias de África e de todos os outros continentes.

A água doce junto ao oceano salgado luta contra o mundo faminto

A água é o ponto básico da vida... Onde tem água - esse é o local da vida? Vemos tamanhos maravilhosos dos continentes cobertos por desertos, porque não existe uma gota de água. A carência de chuvas, rios ou humidade atmosférica destrói todas as possibilidades de vida sobre todos esses enormes espaços, os desertos.

Mas a água dos oceanos deve funcionar de forma mais ativa para as pessoas.

A queima da vida nos desertos é resultado das acções mortais das acções mortais das nobres luzes do Sol.

Existe uma única possibilidade de ser exagerada a ação mortífera das luzes quentes do Sol e esse calor trabalhar em sentido inverso até agora a animosidade e o contrário positivamente para as pessoas e a natureza.

Dentro dessa decisão tecnológica permanece basicamente em uso - o efeito estufa sobre a água salgada do oceano. O processo é a destilação. Dentro da praia mensal, a uma profundidade de 2-3 centímetros, construímos uma placa de betónia de cor preta, cimentada no fundo raso. Sobre essa placa de betónia preta, cobrimos com vidro ou plástico transparente, como uma tenda com fita transparente para recolher o vapor e transferi-lo para o monte seguinte. A área da placa única é praticamente entre 1000 - 2000 metros quadrados. A placa também pode ser preta e a sua posição vertical para cima, de acordo com a situação da colina, precisa de ir a humidade como vapor e encher o lago ou a barragem e a água permanentemente recolhida é potencialmente transferida e recolhida sobre as colinas, montanhas em grandes quantidades de água em toda a África, Austrália, Índia, Japão, China e qualquer ilha e toda a realidade das praias equatoriais e por essa água naturalmente destilada temos a possibilidade de usar essa água e ter todas as produções agrícolas para alimentação.

Ver o esquema. Junto à placa de Beeton, devemos criar um muro de proteção para impedir que as paredes do oceano e a água salgada fiquem o mais silenciosamente possível.

Sem pagamento, sem energia para além da luz solar de que necessitamos com esta simples invenção.

Esta novidade pode implicar uma revolução na produção alimentar. Além disso, a produção de eletricidade mais barata através das "**centrais eléctricas de água**".

Autor:

Iskren Azmanov

OFFICE OF PATIENTS' RIGHTS
Protection & Advocacy, Inc.
Patton State Hospital
3102 E. Highland Avenue
Patton, CA 92369
Telephone (909) 425-6097
FAX (909) 425-7951

MEMORANDUM

TO:	Iskren Azmanov, Unit 77 3102 East Highland Avenue Patton, CA 92369
FROM:	Paula McCord, Patients' Rights Advocate Tracy Kimoto, Patients' Rights Advocate Assistant
RE:	Complaint Response; service # 669337
DATE:	March 13, 2005

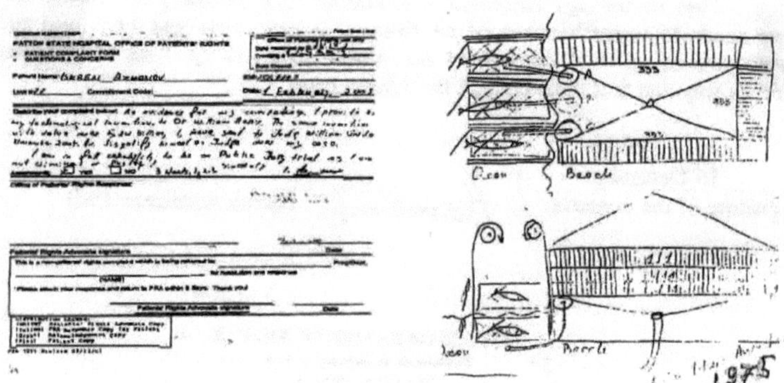

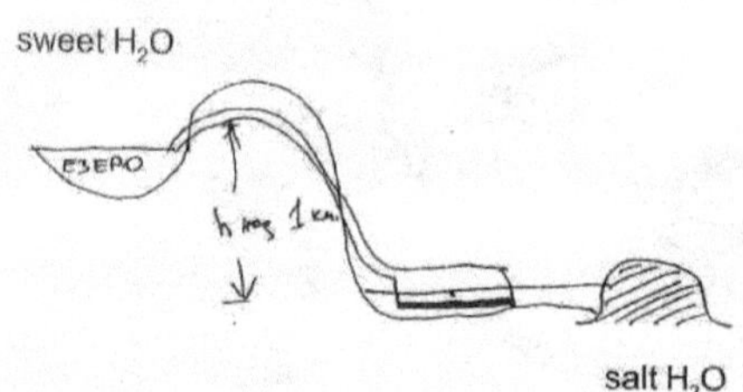

Capítulo 4

4. ***Agricultura sobre o oceano**

Iskren

Azmanov

Bacon dourado - Peixe dourado

(Resumo para um lixo tecnológico menos novidade para a carne ilimitada como alimento)

O Projeto: - Junto ao Oceano (ou a qualquer grande espaço de água, ou rio, construo um betão (placa de betão como um funil nos três lados, construo câmaras à volta para criar animais - (possivelmente porco, galinha, peru, patos, coelhos, pinguins, ursos...) para a produção de carne para alimentação. A quantidade de câmaras tem de ser para cerca de 1000 animais ou mais, caso haja diferenças individuais.

Para as necessidades de higiene, os animais precisam de tomar banho todos os dias. A água salgada do Oceano funciona também como produto de limpeza, mas também como desinfetante, simultaneamente contra vírus, bactérias e todas as infecções. A sujidade do sistema de pilhas percorre uma milha no Oceano. Isso é muito atrativo para a população de peixes que aí se alimenta.

Quando preciso de ter carne para vender - todas as tarefas de abate, faço-as através de pequenos funis na parte da frente junto à água da grande placa de betão. O sistema de tubos curtos transporta todo o sangue, todo o lixo que produzo no trabalho de desmancha dos animais, pele, pêlos, intestinos, líquidos. Por esse tubo curto cerca de 200 -300 metros na água dentro do espaço de grandes cestos de tela com porta aberta de frente. Esvazio esse material dentro dos cestos abertos, pois é o alimento perfeito para os peixes. Para todos os peixes na água isso é um desafio e um interesse como nutrição. Por baixo dos cestos, coloco lâmpadas para poder iluminar a escuridão nocturna. Dirijo o alimento desafiante para os peixes sob a iluminação das lâmpadas. Desta forma posso ver a quantidade de peixes dentro dos cestos. Se estiverem cheios ou se houver satisfação com a quantidade, fecho a porta da frente e levanto os cestos cheios de peixes como captura.

Com os corpos dos peixes, produzo comida para os porcos. Corto a cabeça, as cascas, todos os intestinos e ofereço aos animais como alimento. É cerca de 30% da forragem para eles como proteínas. Esmago isso e produzo o piolho, moendo e esmagando. Por estimativa aproximada do interesse evidentemente são possíveis considerações mil animais de porco por ano oferecem dois milhões de dólares de rendimento e pelo peixe um milhão. Meio milhão de dólares de poupança de dinheiro que tenho com o "lixo" de forragem para peixes. Esta tecnologia pode oferecer mais comida a todas as áreas superpovoadas da China, Japão, Índia, Cuba e toda a Polinésia, e em todo o mundo como uma nova tecnologia.

Esta tecnologia, reciprocamente ligada e mutuamente, pode satisfazer todas as necessidades das praias de água de toda a Europa, África, Ásia e EUA e de todas as partes superpovoadas do resto do mundo. A captura de peixe consiste na forma mais segura e isso deve mudar as viagens ao Alasca.

1973 - 2005

16 de dezembro

Assinatura do inventor: **Iskren Azmanov**

Doutoramento

Capítulo 5

5. ***Fazendas junto aos rios contra a fome***

Iskren

Azmanov

Esquema tecnológico como combinação para produção por colheita animal e vegetal

Para ficar satisfeita por um dia, uma única ovelha precisa de comer erva com dois metros quadrados de comprimento por meio período. No meu esquema, garanto três metros quadrados para comer. Estas são as condições prévias.

Com o meu esquema dou 3 metros quadrados de erva como pasto, porque também haverá cordeiros e em pouco tempo precisarão de pasto como erva. Tendo em conta isto, mil ovelhas precisam de erva por dia, 3000 metros quadrados para serem alimentadas. Campo é um pedaço de terra com 200 metros de comprimento e 15 metros de largura. Arranjo 32 parcelas assim umas às outras e todas elas têm 200 metros X 500 metros todas. Como os meses têm 30 ou 31 dias, para isso preciso de 32 parcelas. Todas as 1000 ovelhas, depois de terem comido a erva na parcela № 1, movo-as no dia seguinte para a parcela № 2. E todos os dias seguintes na parcela № 3, № 4 e depois de um mês inteiro elas voltam para a parcela № 1. Aqui está a razão que eu mencionar como tudo o que pasto - chão está sob condições de rega.

Só o pedaço onde se vai alimentar, as ovelhas hoje, um dia antes, aqui não serão regadas porque os animais precisam de prazer.

Os animais leiteiros devem ser ordenhados à noite por cerca de 30 ordenhadores, pois cada um trabalhará com cerca de 33 ovelhas durante cerca de 2-3 horas. Durante o dia não são necessários pastores ou guardas, porque cada parcela está vedada por telas, tal como todo o grande bloco. Com essa proteção todo o rebanho é impossível de ser atacado por animais predadores. Se esse complexo for na América como existe condor águia por essa razão deve ser coberta apenas a parcela com os animais e deslocada todos os dias sobre uma altura de cerca de 2 metros. A parcela 32 é importante, pois aqui devem ser alojados cerca de 50 carneiros, que devem viver separados até se tornarem importantes para as inseminações. É claro que se pode aplicar a inseminação artificial, mas deve-se preferir o processo natural.

Como 1000 ovelhas andaram 1/5 por quilómetro quadrado, elas comeram e fertilizaram toda essa parcela muito rica com o seu estrume natural. A erva cresce em condições de fertilização pobres, mas esse sistema enriquece o solo com o estrume, que é a razão mais importante dessa combinação.

No ano seguinte, são deslocados todos os ecrãs de todos os postos junto a si, formando-se a mesma disposição das 32 parcelas do bloco.

O esquema da produção vegetal

Sobre a área de pastagem esvaziada como solo fertilizado muito rico é possível organizar depois da lavoura esse campo para a produção de tomate, por exemplo, ou de quaisquer outras plantas hortícolas. Mas vamos continuar com o projeto do tomate. Em cada m^2 cultivamos tomates com frutos grandes, cada planta forma cerca de 30 frutos individuais grandes como um punho humano. E em cada metro quadrado há 4 plantas como esta. Todo o quarteirão tem 100 000 m2 - com 4 plantas por m2, o total é de 400 000 plantas de tomate individuais. Nos EUA, um único fruto de tomate é vendido a 0,99 dólares. Porque temos uma fertilização perfeita em toda a fase animal e com uma boa rega e o sol uma única planta de tomate produz um cacho de 30 tomates individuais. Por 400 000 plantas individuais como temos na realidade 20 tomates de bom padrão por planta individual - isso faz 8 milhões de peças de tomate. Todas estas explorações agrícolas individuais geram um rendimento real de 8 milhões de dólares. Como temos um grande número de tomates fora do padrão, podemos usá-los como ketchup, molho de tomate ou qualquer outro tipo de uso como forragem fresca para porcos. Como rendimento da parte das ovelhas, temos um rendimento potencial de 2 milhões de dólares e todas as somas são, nas duas partes, cerca de 10 milhões de dólares pelo estrume produzido pelo rebanho. Todos os postes podem ser substituídos por um sistema de corda com corda pendurada verticalmente, descendo por um sistema horizontal de 2 metros de altura para cada planta, vindo de grandes postes nos limites do bloco que divide todas as 32 parcelas.

Sobre o possível rendimento desse complexo como negócio

Se uma ovelha tiver gémeos de 1000 mães, não podemos ter mais de 1100 ovelhas. 500 são todos machos e com os outros ~500 fêmeas criamos um próximo rebanho semelhante para a próxima exploração semelhante.

Numa superfície de um quilómetro quadrado, temos 10 blocos de pastagem para ovelhas. O chapéu oferece a possibilidade de, por ano, 5 estarem sob pastagem e 5 para produção de plantas - como tomate ou qualquer outra possibilidade como beringela, pimento, pepino ou melão ou melancias.

O rendimento do leite de uma ovelha é de, no máximo, 2 litros, o período de ordenha é de cerca de 100 dias ou 3 meses. Dois meses são importantes para a ordenha dos borregos. 50% de todo o leite deve ser retirado. Estimamos que o rendimento por litro de leite é de $1. Por dia, 1000 ovelhas dão cerca de 2 toneladas de leite. A produção é de $2000 - leite por dia. O total só de leite por 100 dias dá $200 000. Um único cordeiro a cada 2 meses é vendido por $100. Claro que os preços na Bulgária são diferentes, mas os cordeiros machos têm um potencial de $50 000.

Rendimento por lã

Por uma única ovelha pode ter cerca de 5 quilogramas de lã? Por 1000 ovelhas adultas pode dar cerca de 5 toneladas de lã, como por $5 por um quilograma pode dar $25 000. Quando se trata de reconstruir o rebanho com novos animais, por pele única, o preço é de 5 dólares por quilograma, o que dá 5000 dólares.

Total: $200 000 de rendimento por leite

$50 000 por borregos

$25 000 por lã

$5 000 por pele

Total: $280 000 - são realizados pelo marketing com esses produtos.

O esquema tecnológico aqui descrito consiste num modelo aberto de enriquecimento com combinações de desenvolvimentos razoáveis e decisões possíveis, mas a disposição deve ser próxima do rio, uma vez que a água é a principal razão. Na Bulgária, as explorações agrícolas devem estar situadas junto às duas praias dos rios Danúbio, Maritza, Iskar, Struma. Nos outros continentes qualquer rio deve ser básico em uso. Nilo, Yan-dze, Volga, todos os outros são muito conhecidos... Como esse novo sistema de atenção proporciona muitas novas possibilidades de sucesso, como a vida na aldeia pode ser reabilitada à maneira da antiga familiaridade e oferecer muitos novos tipos e quantidades de alimentos e outros produtos para o aumento da população de todos os continentes e de todo o mundo.

Contacto:

15 de maio de 2013

Iskren Azmanov Doutoramento

Membro da Academia de Ciências de Nova Iorque

1336 Sofia - Lulin bl.210 vh.7 #114

Bulgária

iazmanov@abv.bg

REFERÊNCIAS

Enciclopédia Britânica

O resto do trabalho é contribuição do autor

Printed by Books on Demand GmbH, Norderstedt / Germany